卷卷爷爷的科考日志

去看看！我们的国家公园

·三江源国家公园·

上尚印象 / 著绘

中信出版集团 | 北京

图书在版编目（CIP）数据

去看看！我们的国家公园．三江源国家公园 / 上尚印象著绘．-- 北京：中信出版社，2023.7
（卷卷爷爷的科考日志）
ISBN 978-7-5217-5594-7

Ⅰ．①去… Ⅱ．①上… Ⅲ．①国家公园－科学考察－青海－少儿读物 Ⅳ．① S759.992-49

中国国家版本馆 CIP 数据核字（2023）第 062890 号

去看看！我们的国家公园　三江源国家公园
（卷卷爷爷的科考日志）

著　　绘：上尚印象
出版发行：中信出版集团股份有限公司
（北京市朝阳区东三环北路27号嘉铭中心　邮编　100020）
承 印 者：北京联兴盛业印刷股份有限公司

开　　本：787mm×1092mm　1/12　　印　　张：4　　字　　数：75千字
版　　次：2023年7月第1版　　印　　次：2023年7月第1次印刷
书　　号：ISBN 978-7-5217-5594-7
定　　价：24.00元

出　　品：中信儿童书店
图书策划：喜阅童书
策划编辑：朱启铭　由　蕾　史曼菲
责任编辑：陈晓丹
营销编辑：孙雨露　张　琛　李　彤
装帧设计：上尚印象　谢佳静

前言

2021 年 10 月，我国首批国家公园名单正式公布，国家公园这个概念开始走进大家的视野。简单地说，国家公园是我们国家最高级别的自然保护区，它能为生态旅游、科学研究和自然教育提供场所。

“幅员辽阔，地大物博”是对我们国家的形容，每个人都听说过，但在孩子的心中，对这样的形容很难有一个准确的概念。看过“卷卷爷爷的科考日志”系列绘本后，孩子会发现，我们的国家有多种类型的生态系统、壮丽的自然景观、丰富的动植物资源，那么“幅员辽阔，地大物博”在孩子心中自然能呈现出一幅生动立体的美丽画卷。

卷卷爷爷和卷卷是上尚印象团队的原创人物，卷卷爷爷是一位见多识广、和蔼可亲的老爷爷，卷卷是一个聪明调皮的小朋友。翻开这套书，就仿佛跟着卷卷爷爷的步伐一起去看世界，或是和卷卷一起聆听爷爷讲故事。

这是一套有趣的自然科普绘本，涵盖内容非常广泛。用童真可爱的画面、生动有趣的文字介绍了丰富多样的生态系统、珍稀的野生动植物、令人惊叹的自然景观、原始独特的民俗文化，其中还融入了趣味十足的自然科普知识，以及环境保护、人与自然的关系等很多值得思考的命题。

现如今，自然教育越来越被大家所重视，国家公园设立的目的之一也是提供自然教育的场所，让人们能够直接走进大自然，与大自然面对面地交流。上尚印象团队希望能以科普绘本为起点，让孩子自由快乐地拥抱自然。

童书能够帮助孩子认识世界，对孩子的成长有很重要的作用。热爱与真诚是上尚印象团队永恒的力量，我们愿意从孩子的角度出发，聆听孩子的需求和愿望，用心钻研每一个细节，为孩子呈现最有价值的童书。

宋超

- 目 录 -

卷卷爷爷

卷卷爷爷一直行走在科学考察的路上，一边考察，一边以手记的形式做记录。近年来，他开始整理科考手记，希望能够把科考时的所见所闻整理成“卷卷爷爷的科考日志”系列图书，让更多的人了解他曾去过的地方，呼吁人们保护自然、敬畏自然，对世界永远保持好奇心。

卷卷

卷卷是一名小学二年级的学生，因为有一头卷卷的头发，所以名字叫卷卷。卷卷热爱自然，喜欢提问，喜欢扮演小动物，喜欢听探险家爷爷讲曾经的探险经历，和爷爷共同整理科考手记。

大耳怪

大耳怪是一只呆萌可爱的腊肠狗，喜欢和卷卷一起玩，也喜欢跳到爷爷身上。大耳怪是卷卷的好朋友，也是爷爷的小宝贝。当爷爷说起探险经历时，它会和卷卷一起静静地听。但事实上，没有人知道它到底能不能听懂这些话。

卷卷爷爷是一位生物学家、地质学家、探险家。他年轻时去过很多地方，并将自己的所见所闻以手记的形式进行了详细的记录。2021 年 10 月，我国第一批国家公园名单正式公布后，卷卷爷爷以五个国家公园为主题，开始整理自己的科考手记，最终形成了“卷卷爷爷的科考日志”系列图书。卷卷爷爷的目的是帮助更多的人了解我国的国家公园，期待公园内的动植物、自然景观、生态环境等都得到更好的保护和修复。卷卷看到爷爷的科考日志后，提出了很多疑问，于是爷爷开始讲述过去的经历。

爷爷快看！我找到了一本科考日志！三江源？三江源是什么意思？您去过三江源考察吗？三江源在哪里？三江源是什么样子的？

一天，卷卷在爷爷的书房里玩耍，忽然发现了一个写着“三江源科考日志”字样的本子。在卷卷好奇的追问下，卷卷爷爷回忆起当年的经历。卷卷和爷爷一起翻开科考日志，神奇的旅途就此开始……

卷卷爷爷的科考路线

三江源国家公园辽阔而壮美，包含了湿地、森林、草地、荒漠等多种生态系统类型，还有隆宝滩湿地、可可西里国家级自然保护区等典型区域。珍稀的植物物种，活跃的野生动物，独特的气候条件，使这片土地纯净而自然。

三江源国家公园是世界湿地生态系统中海拔最高、面积最大、分布最集中的地区。湿地生态系统不仅是植物生长的天堂，也是动物栖息的乐园，到处都充满生机。

隆宝滩湿地是名副其实的鸟类天堂，每到春夏之际，黑颈鹤、斑头雁等珍贵的候鸟就会成群结队地飞到这里繁衍后代。

草地生态系统是三江源国家公园最主要的生态系统类型。可爱的动物奔跑在一望无际的草地上，空气中都是自由的味道。

森林生态系统

第 22~23 页

郁郁葱葱的原始森林不仅是三江源国家公园中亮丽而壮美的风景，还拥有丰富的动植物资源。绿叶茂密的大树、争奇斗艳的花朵和躲藏在灌木林中的小动物们，都是森林生态系统的宝藏。

荒漠生态系统

第 30~31 页

荒漠是人类开发程度和控制程度相对最低的自然区域。荒漠生态系统虽然环境干旱，但和其他的生态系统一样有很多自然资源，同样需要保护。

可可西里国家级自然保护区

第 32~33 页

可可西里国家级自然保护区是“天生”的荒漠，是目前世界上原始生态环境保存最完美的地区之一，是人们心中神秘美丽的地方。

三江源国家公园气候多样，生态环境的变化也比较复杂，所以形成了既丰富又独特的生态系统。

辽阔旷达的三江源国家公园

三江源国家公园总面积 19.07 万平方千米，涉及治多、曲麻莱、玛多、杂多四县和可可西里国家级自然保护区管辖区域，包含长江源园区、黄河源园区、澜沧江源园区三个园区，是我国目前面积最大的国家公园。

资源丰富的三江源国家公园

三江源地区有高山、冰川、峡谷等独特的地形地貌，有湖泊、河流等众多水资源，有许多国家重点保护的动物和植物，这里还有森林、草地、荒漠……

地处高原的三江源国家公园

三江源国家公园位于青海省南部，处于“世界屋脊”青藏高原的腹地。三江源国家公园平均海拔 4500 米以上，拥有世界上高海拔地区独有的高寒生态系统。

爷爷的科考日志

什么是国家公园?

世界上有很多动物和植物的处境并不安全，于是，国家规划出一大片区域，来保护当地的具有国家代表性的动物和植物，这片区域就是国家公园。这里几乎没有人类打扰，渐渐地，就拥有了越来越多的生物。国家公园是可以让一代又一代的人共同享有的宝贵财富。

绚丽的“水”世界

河流和我们一样，也有自己的“出生地”，河流的出生地叫作“发源地”。长江、黄河、澜沧江三条江河有着共同的发源地，这就是著名的三江源。三江源像一个巨大的水箱，有“中华水塔”的美誉。

寻找河流的源头

长江上源沱沱河发源于唐古拉山中段的各拉丹冬雪山；黄河发源于巴颜喀拉山北麓；澜沧江发源于唐古拉山北麓。

高山兀鹫

河流的类型

三江源地区河流类型主要有两种：一种是奔腾入海的外流河，另一种是在内陆腹地流淌的内流河。

爷爷的科考日志

“深藏不露”的地下水

地下水埋藏在地表以下，存在于岩层或土壤空隙中。地下水每天都在偷偷努力，在人们看不到的地方编织着庞大而复杂的水网络，这个水网络可以和我们能看见的地表水系较量一番。

湖泊 ▶ 三江源地区面积大于 1 平方千米的湖泊有 167 个，是世界上海拔最高、湖泊数量最多、面积最大的高原湖群区之一。

湿地 ▶ 三江源湿地分布密集，是世界上湿地生态系统中海拔最高、面积最大、分布最集中的地区。

冰川 ▶ 三江源地区是冰川集中分布地之一，共有冰川 715 条，面积约 2400 平方千米，冰川资源蕴藏量达 2000 亿立方米。

水流侵蚀而成的峡谷奇观

尕尔寺大峡谷和然察大峡谷是三江源地区少见的峡谷奇观，都位于澜沧江源园区。在青海省玉树藏族自治州杂多县昂赛乡，也有一个特别的峡谷，是被称为“红石公园”的昂赛大峡谷。

尕尔寺大峡谷

在尕尔寺大峡谷，村民和僧人从不会伤害这里的动物，大家都认为动物是人类的朋友。在这里常常能看到小动物们在离人不远的地方，悠闲放松地挑选食物。

尕尔寺

尕尔寺是建在悬崖上的寺庙，它像一朵圣洁的莲花，独自盛开在悬崖峭壁之上。

昂赛大峡谷

和其他的峡谷不同，昂赛大峡谷拥有独特的丹霞景观。在这里，你能看到许多红色的石墙、石柱、方山和陡崖。进入昂赛大峡谷，就像进入了一个红色的神奇世界。

然察大峡谷

然察大峡谷景观独特，集险、秀、雄、奇、幽于一体，在不同的季节有不一样的景色，盛夏时鸟语花香，深秋时红叶绚烂。田园与草原、村庄与牧场和谐而美丽，令人流连忘返。

爷爷的科考日志

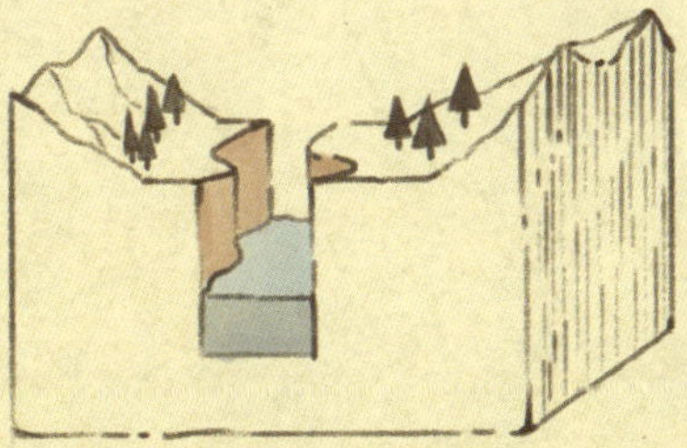

峡谷的形成

青藏高原迅速抬升，加剧了河流的侵蚀。水流将河底的沙土带走，导致河底越来越深，两岸的岩壁几乎垂直，峡谷也因此而形成。

昂赛大峡谷的一天

昂赛大峡谷拥有中国最为完整的食肉动物群落，动植物种类十分丰富。让我们一起来到昂赛大峡谷，看看动物们为了生存是如何辛苦奔波的，猜猜谁成了谁的盘中餐，又有谁忙碌了一天却一无所获。

雪豹和岩羊的追逐赛

藏在岩壁间的雪豹突然向岩羊发起攻击，岩羊在乱石间迅速跳跃逃跑，逃到山脊回头看时却被雪豹击中。倒下的岩羊最终成了雪豹的美餐。

倒霉的金雕

金雕盯上了在远处吃草的喜马拉雅旱獭和川西鼠兔。在金雕俯冲而下的一瞬间，机警的旱獭似乎察觉到了危险，从容地躲进了洞里，而鼠兔听到动静后也开始慌忙地逃窜。

胡兀鹫的独特用餐方式

胡兀鹫非常爱吃骨头。这一天，胡兀鹫抓着它辛苦找到的大骨头飞到高空，对准下面的岩石让骨头落下。骨头被摔碎了，胡兀鹫心满意足地将碎裂的骨头一块块吞掉。

爷爷的科考日志

食物链和食物网

在生态系统中，勇猛的雪豹、逃窜的鼠兔，甚至包括地上鲜嫩的小草，它们都相互关联。食肉动物以其他动物为食，食草动物以植物为生，它们由食物关联到一起，构成了食物链。真正的生态系统非常复杂，食物链与食物链之间也相互关联，所以食物链最终又形成了食物网。食物网越复杂，抵抗外力干扰的能力就越强。

峡谷中的精灵

昂赛大峡谷有辽阔的高山草原，这里孕育了神奇的野生动植物，也是全球最佳雪豹自然体验点。壮美的自然景色、鲜活可爱的动物、竞相生长的植物……一切都充满魅力，令人着迷。

雪豹

雪豹是猫科动物的“颜值巅峰”，霸气呆萌的外表惹人喜爱。雪豹也是食肉动物中的攀岩高手，粗粗大大的尾巴是它保持平衡的秘诀。雪豹站在高原食物链的顶端，是当之无愧的“雪山之王”。

雪豹的毛

雪豹灰白色的毛又长又密，雪豹能在高寒环境下生存多亏了它。

岩羊

岩羊是顶级的“跑酷高手”，能在陡峭的岩壁间奔走如飞。它仿佛学会了武侠小说里的轻功，即使从 10 米高的高处向下跳也不会摔伤。

头花杜鹃

杜鹃被誉为“高原名花”。夏天一到，头花杜鹃就独自占据一片山地或与其他杜鹃混生在一起，共同形成一个散发阵阵芳香的杜鹃花世界。

圆穗蓼

在西部高原藏区，被称为“羊羔花”的白色植物就有圆穗蓼。圆穗蓼是高山草甸重要的组成植物，高海拔草原上常常能看到成片的圆穗蓼。

喜马拉雅旱獭

喜马拉雅旱獭看起来笨拙可爱，但其实相当机警。每当有天敌进入领地时，它们会马上站起来尖叫，警示家人们迅速躲入洞穴逃生。

金雕

金雕的捕猎速度比猎豹还要快，绝对强者的姿态使它成为知名度最高的猛禽之一。金雕在自然界中少有天敌，是名副其实的“空中霸主”。

金雕的羽毛

羽毛主要是褐色的，下面长满了浓密的绒毛保暖。

金雕的窝

金雕夫妇拥有很多结构庞大的“豪宅”，它们常常交替着居住。

胡兀鹫

长着“小胡子”的胡兀鹫是生态链中的“清洁工”，它不与其他猛禽争抢食物，而是“专挑硬骨头”。胡兀鹫是聪明的飞行高手，它常用的翱翔是最省体力的飞行方式，上百千米距离只需消耗一根骨头的能量。

金雕并不是金色的雕，“金”也许指的是它头部和颈后的羽毛在阳光照耀下反射出的金属光泽。

三江源的脊梁

亚洲脊柱——昆仑山脉

昆仑山脉像一条身躯庞大的巨龙，横卧在中国的西部。它有很多座高峰，这些高峰像一颗颗珍珠，在昆仑山脉这条巨龙的脊背上闪闪发光。

黄河源头——巴颜喀拉山

巴颜喀拉山在古代就被认为是黄河的源头，诗仙李白曾说“黄河之水天上来”，诗中的“天上”也许就是指巴颜喀拉山。

爷爷的科考日志

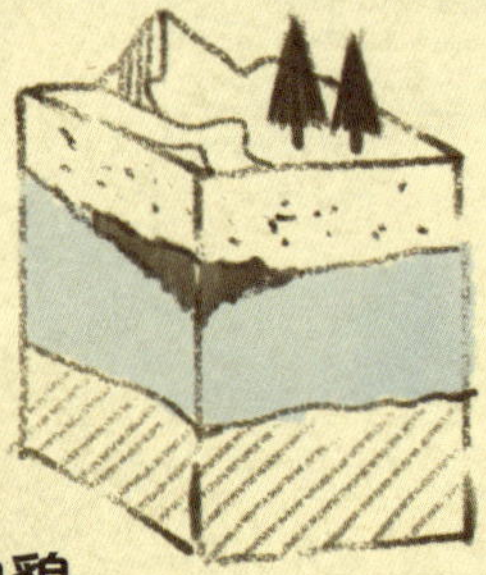

冻土地貌

在冰川边缘地区，降水少、气温低，地上又没有积雪，土层被冻结后变成了冻土。当温度变化时，冻土层中的水反复地冻结又融化，土层被干扰、移动，并遭到破坏，最终形成了冻土地貌，也叫冰缘地貌。

雄鹰飞不过去的唐古拉山

唐古拉山位于青海省和西藏自治区的交界处，青海和西藏在这里“握手”。“唐古拉”在蒙古语中的意思是“雄鹰飞不过去的高山”。

年保玉则峰 ▶ 年保玉则峰是巴颜喀拉山的主峰，海拔 5369 米。年保玉则风景如画，被称为“天神的后花园”。

各拉丹冬峰 ▶ 各拉丹冬峰是唐古拉山的主峰，海拔 6621 米。各拉丹冬峰在藏语中的意思是“高高尖尖的山峰”。

玉珠峰 ▶ 玉珠峰是昆仑山脉东段的最高峰，四季银装素裹，山峰顶部常年被冰雪覆盖，几乎没有岩石露出来。

生机盎然的湿地

靠近水域而地表浅层积水的地带，被称作“湿地”。湿地范围内的生物与环境形成了一个统一整体，叫作湿地生态系统。三江源是世界湿地生态系统中海拔最高、面积最大、分布最集中的地区。

湿地很重要

三江源地区的湿地有重要的生态功能。湿地能均衡河流水量，周围的环境也因为湿地的存在而温暖湿润。湿地更是土地荒漠化的重要防线，很多珍稀野生动物都在这里自由生活。

它们都是湿地

宁静的湖泊、神秘的沼泽、奔腾的河流、金色的稻田、宽广的水库……它们都是湿地。三江源国家公园内有河流湿地、湖泊湿地、沼泽湿地和人工湿地四大类型湿地。

爷爷的科考日志

湿地的形成原因

冰雪融化后，三江源地区地表水量充足。由于三江源地区地下有冻土层，地表水很难向下渗透，另外该地区海拔高、温度低，地表水很难蒸发，于是地表水集中在一起，形成了大面积的湿地。

鸟类天堂——隆宝滩湿地

隆宝滩湿地位于青海省玉树藏族自治州玉树县隆宝镇，是一片广阔平坦的高原沼泽草甸。这里是鸟的天堂，许多留鸟在这里栖息。当天气变暖时，珍贵的候鸟也成群结队地飞到这里生活。

沼泽湿地

沼泽湿地包括沼泽和沼泽化草甸，沼泽湿地长期都是湿润的，有着特殊的植被和特别的成土过程。沼泽湿地是三江源地区主要的湿地类型。

爷爷的科考日志

黑颈鹤

“高原仙子”黑颈鹤是世界上唯一生活在高原的鹤。黑颈鹤是种痴情的鸟，它们严格实行着“一夫一妻制”。黑颈鹤是我国特有的珍贵鸟类，被称为“鸟类大熊猫”。

白尾海雕

白尾海雕长着醒目的白色尾巴，翱翔一段时间后，就要懒洋洋地蹲立休息好几个小时。白尾海雕虽然懒散，却非常凶猛，常常为了食物与金雕开启争夺战，胜率还很大呢。

斑头雁

低调的斑头雁长相普通，体形也不算大，但它却是飞得最高的鸟之一，能飞越珠穆朗玛峰，是名副其实的“登高冠军”。

原始天然的森林

三江源国家公园园区在很久以前曾有过丰富的森林资源，但随着青藏高原不断抬升，气温变低、降水减少，森林开始慢慢退化，甚至消失。目前三江源国家公园林地资源仅占园区总面积的 2 %。

有价值的森林

三江源国家公园的林地中，大部分植物都是青藏高原特有种，它们在水源涵养、水土保持、生物多样性保护和吸收二氧化碳等方面都发挥着重要的生态功能。

林地构成

三江源国家公园的林地中生长着各种各样的植物，从林地构成来看，主要有乔木林和灌木林。

高大的乔木林

三江源国家公园园区的乔木林主要是针叶树种组成的天然林，其中云杉属和圆柏属分布最广、数量最多。乔木林高高大大，看起来壮观极了。

爷爷的科考日志

什么是天然林?

天然林又叫自然林，是指天然或自然形成的森林。它与人工林不同，人工林是通过人工措施形成的森林。在自然界中，天然林的生态功能最完备，生物多样性最丰富，群落最稳定。天然林是森林资源的主体和精华。

密实的灌木林

由乔木林向上，在森林和草地之间，能发现各种各样的灌木林，它们一人多高，长得密密实实。千万别小看这些灌木林，很多小动物都隐居在这里。

高原森林——班玛县

班玛县位于青海省果洛藏族自治州，这里全年平均气温高，年降水量全省第二，气候条件好，境内有全省最大的原始森林，很多动植物生活在森林里。班玛县夏秋季景色迷人，有“果洛小江南”的美称。

体长 100 ～ 150 厘米

金钱豹

金钱豹是三江源地区体形最大的猫科动物，常常“穿着”黄色的、带有铜钱花纹的“衣服”，即使在白天也会懒洋洋地躺在树枝上休息，像个娇生惯养的“公子哥”。在野外遇到金钱豹是很危险的，凶猛的金钱豹很可能会直接攻击你！

体长 80 ～ 90 厘米

马麝

马麝是麝类中体形最大的一种，它们胆子很小，经常警惕地观察周围的环境。马麝非常灵活，跳跃能力也很强，在奔跑的时候也是一跳一跳的。雄麝长着像月牙一样的犬齿，看起来很威风。雄麝还可以分泌麝香，但也正是麝香，给它们带来了危险。

体长 80 ～ 130 厘米

猞猁

猞猁是性格孤僻的“独行侠”，它们神出鬼没，是实打实的王者，甚至可以打败凶猛的狼。耳朵尖端长长的毛簇也为它们增添了威严的气势。

白桦

白桦有光滑的灰白色树皮，种子都长着一双“小翅膀”，随风能飞到很远的地方。白桦很受俄罗斯人的喜爱，是俄罗斯的国树。

山杨

山杨喜欢阳光，不怕寒冷，生长速度快，生命力顽强。恢复西北森林植被就选它！

云杉

云杉被称为“世界上最古老的树”。瑞典科学家曾在一座山上发现过一株9500岁的云杉，而且它还在继续生长。云杉还有很强的观赏性，摇身一变就成了人们喜爱的圣诞树。

高山绣线菊

在百花盛开的季节，高山绣线菊的花像一片片洁白的云彩，飘浮在灌丛中。高山绣线菊是适应力很强的植物，在青藏高原常常能看到它的身影。

山生柳

山生柳是直立矮小灌木，是中国特有的植物。山生柳被一些地区的牧民用来做牛棚的围栏，有时也被用来制作箭。山生柳还有重要的药用价值，它的茎、枝皮、叶、果穗都可以入药。

亮丽多彩的草地

草地生态系统是自然生态系统的重要组成部分，也是三江源国家公园最主要的生态系统类型。它具有防风固沙、调节气候、净化空气、涵养水源等生态功能。三江源国家公园的草地基本全是天然草地。

“可靠”的草地

草地供养着三江源国家公园园区内的所有食草动物，包括野生动物和家养牲畜，食肉动物也间接依靠草地生存。

爷爷的科考日志

兔狲

兔狲标志性的大脸盘使它看起来憨态可掬，但事实上，外表憨憨的兔狲非常凶猛。“狭路相逢勇者胜”，在与旱獭的大战中获胜的兔狲就是勇者。

藏狐

藏狐长着一张标准的“国字脸”，眼神中充满了戾气。在狐狸家族中，藏狐是唯一一个因为颜值太低而走红的，被人们称为“行走的表情包”。

西藏盘羊

西藏盘羊体形很大。雌性西藏盘羊的角并不大，雄性西藏盘羊却有一对大大的、盘起来的角，这对令人瞩目的角就是它们身份的象征。

高原鼠兔不是“鼠”，更不是“害鼠”

高原鼠兔的外形像兔，身材、神态像鼠，但高原鼠兔不是鼠，而是独特的鼠兔科动物。高原鼠兔曾经因被人们误解而遭遇了巨大的危机，但最终人们认识到了高原鼠兔的作用，开始与它们和平共处。

一些人认为，高原鼠兔是有害动物，它们争夺牛羊的食物，导致草地退化。于是，人们决定大面积消灭它们。

从前，狼是人们眼中的“坏动物”，不仅捕食“好动物”，还可能伤害人。

狼消失后，另一种掠食者美洲狮也消失了，黄石国家公园的生态系统很快开始出现问题。

没有天敌的北美马鹿把树苗吃光，树木消失；河狸无法生存，“搬家”离开；没有河狸的水坝蓄水，水土流失，森林成了荒原。

人们逐渐意识到，生态系统中的每一个环节都不能缺少。终于，引进狼的计划开始实施，生态环境又慢慢恢复了。

高原鼠兔挖的洞穴能为体形小的鸟和蜥蜴提供巢穴。

高原鼠兔不仅不是“害鼠”，还在维护青藏高原生物多样性及生态系统的平衡方面起着重要作用。

寂静空旷的荒漠

荒漠生态系统环境干旱，这里生活着超级耐旱的生物。荒漠是人类开发程度和控制程度相对最低的自然区域，荒漠里的植被极其稀疏，甚至还有大片的裸露土地。

爷爷的科考日志

荒漠猫

荒漠猫是最神秘的猫科动物之一。荒漠猫外形和家猫很像，却像豹子一样凶猛，连蛇都在它的食谱中。荒漠猫是优秀的猎手，攀爬能力、隐藏能力都很强。正是因为这些天赋，荒漠猫被人们称为“猫中特种兵”。

赤狐的捕猎方法

冬天，赤狐常常趴在积雪上，竖起耳朵听鼠兔活动的声音，然后高高跃起，扎进雪里捕食猎物。

荒漠并不荒芜

说到荒漠，人们常常认为是荒凉的、少有生命存在的地方。其实荒漠并不是没有生命的地方，荒漠生态系统和其他生态系统一样，有很多自然资源，同样也需要我们的保护。

保护荒漠不容易

荒漠的生态承载力较弱，生态环境非常敏感脆弱，是生态保护中的难点。同时，荒漠也有许多自然资源，又是生态保护中的重点。

爷爷的科考日志

秃鹫

聪明绝顶的秃鹫是藏族同胞心中的神鸟，是数一数二的大体格。秃鹫也是个“清洁工”，但与胡兀鹫不同，秃鹫“吃软不吃硬”，它只爱吃腐肉。

神秘的可可西里

可可西里国家级自然保护区位于青海省玉树藏族自治州西部，藏语是“阿钦公加”，意思是“荒芜的土地”。几乎没有人真正从它的腹地穿过，但这里是中国面积最大、海拔最高、最神秘的自然保护区之一。

保留原始的自然之地

可可西里的气候寒冷，有像冰墙一样的冰川，还有比“千湖之省”湖北更多的湖泊，人们没有改造这个中国最大的无人区，因此可可西里依旧保持着荒野本色。

爷爷的科考日志

体长 200 厘米

藏野驴

藏野驴的好奇心很强，胆子也很大。看到我们后它常常会回头观望，还要和我们的小汽车赛跑。这里的人们认为藏野驴是山神的坐骑。

体长 200~260 厘米

野牦牛

野牦牛是一种庞大的动物，尾巴上的毛束很长，双角像月牙铲，向外斜伸出，看起来不太好惹。它们身上的毛又长又厚，好像穿着一件厚实的围裙。

体长 15 厘米左右

藏鼠兔

藏鼠兔的洞穴系统很复杂，有复杂洞穴、简单洞穴和临时洞穴。藏鼠兔胆小恋家，通常只在洞穴附近活动。

野生动物的伊甸园

人类无法长期居住在可可西里，野生动物们却可以在这里自由生活。可可西里是我国面积最大、海拔最高、野生动物资源最为丰富的自然保护区之一，被誉为“青藏高原珍稀野生动物的基因库”。

藏羚的危机

每年春天，雌性藏羚会沿着固定的路线向可可西里的太阳湖、卓乃湖等地迁徙，并在那里生下宝宝，一段时间后再返回原栖息地。这种迁徙行为对藏羚种群的长期存活具有很重要的意义，藏羚迁徙也被誉为全球最壮观的有蹄类动物大迁徙之一。

小藏羚的命运

小藏羚从出生开始就跟着妈妈迁徙，路上会遇到很多危险，比如动物天敌、盗猎者等，只有一部分小藏羚能够存活下来。

爷爷的科考日志

藏羚

藏羚机警灵活，坚强而有毅力，是高原上的精灵，深受人们喜爱。2008 年北京奥运会的吉祥物中，“迎迎”的原型就是可爱的藏羚。

可可西里有丰富的动植物资源，有人冒险来到这里，掠夺资源据为己有。可怜的藏羚就是第一个受害者。

盗猎者疯狂捕猎藏羚，采皮取绒，制成沙图什披肩，换取利益。成千上万只藏羚因此失去了生命。

藏羚的救星索南达杰出现了，他组织反盗猎队伍，打击盗猎者，保护藏羚。

反盗猎队伍终于抓获了盗猎者们！只是，索南达杰再也没能回来。

索南达杰自然保护站

人们为了纪念索南达杰，把可可西里的第一个保护站就叫作“索南达杰自然保护站”。

在三江源生活

每个地区、每个民族都有不同的生活习惯。藏族同胞曾热情款待了前来三江源地区科考的卷卷爷爷，卷卷爷爷和他们一起生活，了解了很多藏族的特色服饰、饮食文化和建筑艺术。让我们来一起看看吧。

藏帽

藏帽多用狐皮、羊羔皮为里料，棉布、绸缎、锦缎、毛呢为面料，样式多样，分冬春、夏秋专用。

藏袍

藏袍有冬装、夏装和常服、礼服之分。常服用布料和手工织成的氆氇制作，礼服则要用毛呢、绸缎等更精细的料子来缝制。

项饰

男女项饰以天珠和珊瑚为主，配以绿松石、珍珠等其他珠宝。也有纯金项链等搭配，一串可穿有 30 多颗珠宝。

腰饰

男性腰饰较简单，以“武”为主题，用腰刀、弹带等来彰显阳刚之气。女性的腰饰则多种多样，工艺也很复杂，藏族女子都会佩戴腰饰。

耳饰和手饰

男子耳饰戴左不戴右，女子耳饰对称佩戴，镶有玛瑙、绿松石等珠宝。男女手上大多戴马鞍形戒指，佩戴念珠。

藏靴

传统的藏靴有两种。一种是粗布做成的，另一种是皮革制成的，靴尖翘翘的，像钩子一样。

糌 粑

风干肉

酥油茶

糌粑是藏语音译，用炒熟的青稞磨制而成。糌粑可以制作成各种造型，方便又好看，好玩又好吃。

风干肉是西藏的特色食品。初冬将牛羊肉割成条，挂起来自然风干后再吃，风味独特。

酥油是从牛奶或羊奶中提取出来的脂肪，酥油茶是在茶中加入酥油、盐等，经特殊方法加工制成的茶汤。

石砌碉房和土木结构住房

石砌碉房古朴稳固，大多是土石结构。牧民住房改善后，房屋从土石结构变为土木、砖混结构。

牛毛帐篷

牛毛帐篷是藏族传统民居，由牛毛织成的粗布搭建而成，可以遮雨防寒。牛毛帐篷是其他帐篷的基础。

白布帐篷

白布帐篷的出现代表着人们开始关注帐篷的外观，美丽的白布帐篷像散落在草原上的星星。

彩帐

比白布帐篷更加多彩的是彩帐。彩帐很有讲究，通常呈六角或八角，上面绘有图案。节庆集会和野游都有专用的彩帐。

草原上的藏族文化

三江源地区是中华文明的源头之一，这里保留了很多原始的民俗文化，绚丽多彩的藏族文化就是其中之一。勤劳勇敢的藏族人民创造了许多独特的民俗文化。让我们和卷卷爷爷一起，参加藏族有趣的节日，体会藏族文化的魅力。

说唱

在还没有自己文字的远古时代，藏族人民以口头说唱的形式表达自己。这种形式可以将说唱故事代代相传，世界上唯一一部活着的史诗《格萨尔王传》就是这样传承到了今天。

爷爷的科考日志

糌粑节

每年藏历二月二十二，在冰雪慢慢消融的时候会举行一场盛会——糌粑节。它的到来意味着高原一年春耕劳作的开始。村民们喊着意为祈福的藏语“拉加罗”，互相抛撒糌粑，远看村子纯白一片，与山上的积雪遥相呼应。

赛马节

赛马节是藏族的传统节日，每年藏历六月举行，一般会进行好几天。赛马节有隆重的开幕仪式和丰富的项目，除了赛马、马术表演等传统项目，还有舞蹈、说唱等活动，还会举行盛大的物资交流会。

藏戏

藏戏，是集戏剧、音乐、文学、舞蹈为一体的综合性艺术，在西藏称为“阿吉拉姆”。藏戏多以佛经传记和民间故事为内容，是一种广场戏。藏戏是中国国家级非物质文化遗产，也是人类非物质文化遗产。

舞蹈

藏族地区流行的歌舞有粗犷、起伏大和表现形式丰富的特点。典型的藏族舞蹈有广泛流传于民间的集体歌舞“谐”和带有宗教色彩的“卓”。

首页
公园新闻
走进公园
公园概况
志愿者的故事
三江源国家公园
爷爷，您说我们保护三江源地区的生态环境，到底是怎么保护的？
我们建立保护区，成立保护组织，还有很多人参与环保志愿者活动呢！
您好，我是在网上报名的志愿者，我已经准备就绪啦！
恭喜您通过面试，成为志愿者。相信不久我们就会见面，欢迎您！
请大家记住自己每天要做的工作。一定要记得：无论什么时候，安全最重要。
经过培训，志愿者们就开始工作了，他们宣传保护区、翻译宣传手册、捡拾垃圾等。

志愿者们向当地百姓普及环保知识，开展宣传活动。

志愿者们为了不耽误工作，身体不适也不声张。

志愿者把牧民培训成向导，让他们带领游客欣赏自然景观、观赏野生动物、体验牧区生活，牧民的收入也变多了。

志愿者通过补偿政策帮助牧民降低损失。

志愿活动结束，志愿者不舍地离开了三江源国家公园。

去三江源要注意

三江源国家公园部分区域禁止人类活动，部分区域向游客开放。这里充满了惊喜，但同时也有很多风险。如果我们想要去三江源国家公园，一定要提前做好非常充分的准备。

高原反应

高原反应是高原地区独有的常见病。如果急速进入高海拔地区，没有适应低压低氧环境，就会有各种不适症状，例如头痛、呼吸困难、食欲减退等，严重时会危及生命。

1 先了解身体状况，有些疾病不适合高原旅行。

2 做好保暖工作，多喝热水，不要贪凉。

3 准备应急药品，预防突发状况。

4 预订有供氧能力的酒店。

感冒、冻伤和失温

三江源地区的气候寒冷多变，气温能在短时间内快速下降 20 摄氏度甚至更多。严寒和快速降温容易导致感冒、冻伤和失温，严重时会危及生命。

1 出行时务必携带足够的保暖、防水衣物和雨具。

2 尽量不要在身体有汗时脱掉外套或摘掉帽子。

3 避免将鞋浸湿，尽量不要长时间在雪中行走。

4 如轻度失温，应转移至温暖环境，添加衣物，吃些高能量食物。

紫外线灼伤

三江源地区空气稀薄，紫外线强烈，如果长时间暴露在阳光下，不加防护，可能会出现皮肤红肿、表皮脱落等皮肤灼伤反应。

1 在户外活动时尽量穿着长袖衣服、长裤，并戴好遮阳帽、魔术头巾等。

2 涂抹防晒系数高的防晒霜并及时在其失效前补涂。

3 注意耳朵的防晒。

雪盲

阳光中的紫外线经过雪地表面的强烈反射后，会对眼部造成损伤，出现双眼肿胀、怕光、流泪、视物不清等症状。如果长久处于这样的环境，会严重影响视力，误认为自己变成了盲人。

1 在雪地活动或行车时一定要戴上太阳镜。

2 不要佩戴或摘除隐形眼镜。

3 出现症状时，应去黑暗处待着或紧闭双眼，可以使用眼药膏或用纯净水冲洗。

4 使用消毒的冷棉布覆盖双眼。

雷电天气

三江源地区天气阴晴不定，夏季多雷雨，因海拔较高，云层距地面较近，雷击事件时有发生。

1 雷雨天在户外，应远离像大树一样的高大物体，远离高地和水体。

2 避免使用金属杆雨伞，可选择其他替代材料制成的雨伞。

3 多人行动时，尽量相隔5米以上的距离。

4 不要使用手机、对讲机等电子产品，躲在帐篷里也不可以用哟。

5 可以在车辆中躲避，记得紧闭门窗。

6 如在旷野无理想躲避地点，可双脚并拢蹲下，双手抱膝，胸口紧贴膝盖，尽量低头。

动物袭击或伤害

三江源国家公园中有很多野生动物，虽然大多数野生动物回避人类，但也会有意外遇到的可能，因此一定要小心谨慎。

1 尽量避免独自活动，尽量避免夜间活动。

2 发现野生动物后注意保持距离，不要靠太近。

3 遇到猛兽不要大喊大叫，保持镇定，面对动物慢慢后退。

4 不要接近动物幼崽，雌兽会拼命保护幼崽。

5 发现动物尸体后不要用手触碰，有感染传染病、寄生虫等危险。

要特别注意：野牦牛、狼等动物都带有攻击性，旱獭等容易传染疾病。

「ABOUT」关于上尚印象

上尚印象是一个年轻的、充满活力的图书出版品牌。

品牌用专业的能力赋予童书更新颖的现代设计语言和图像风格。产品的阅读人群不仅是儿童，也包括对精品图书着迷的成年人。将知识类童书打造成值得收藏的全年龄段读本，努力开创“没有界限的阅读模式”是我们对产品的无限追求。上尚印象主创团队从事艺术设计与少儿图书研发二十多年，对儿童出版物具有强烈的敏锐度，主持创作出版的童书达数百种。公司核心团队成员数十人，同时签约多名国内外知名插画家，真正实现了创作自主化模式。团队不仅追求美学与形式化的创新，更加重视选题内容及读者感受。主创成员均来自不同领域，选题研发初期，我们以“小选题”为基础，在各自领域内进行头脑风暴，然后编辑汇总，从而达到“大百科”的知识输出，力争为不同年龄的读者打造出值得收藏的“一本好书”。

「特别感谢」“卷卷爷爷的科考日志”研发组成员

张喆、姜林青、崔佳杰、张博洋、董志刚

「特别介绍」儿童插画师 / 张喆

张喆，儿童插画师，上尚印象签约画手。从事青少年儿童绘画创作十余年，以清新的颜色、细腻的笔触和温暖治愈的绘画风格为读者创造出一个个充满童趣的浪漫世界和一个个鲜活生动的人物形象，为读者带来快乐。目前已出版多部绘画作品，广受欢迎，深受好评。